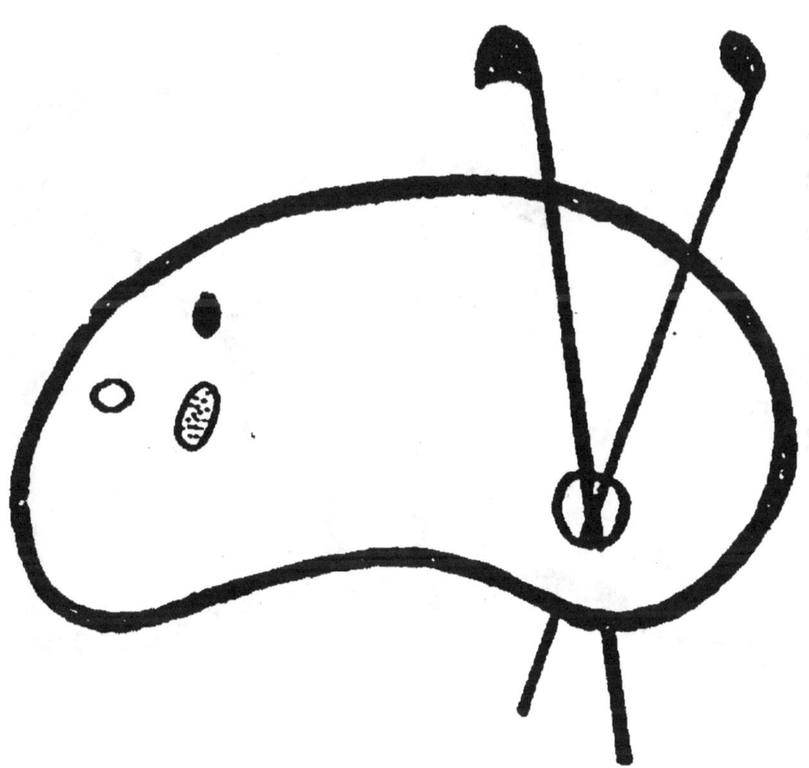

COUVERTURE SUPERIEURE ET INFERIEURE
EN COULEUR

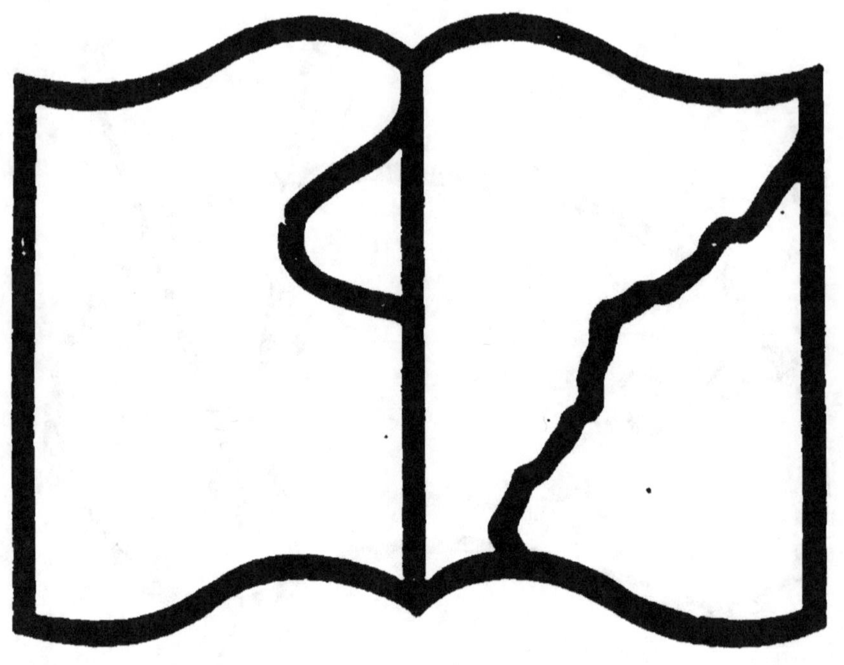

Texte détérioré — reliure défectueuse
NF Z 43-120-11

JEHAN SARRAZIN

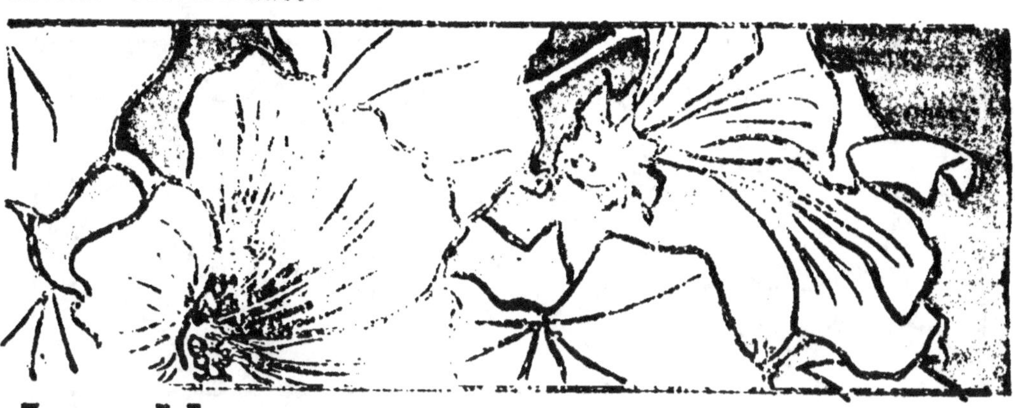

Les Vacances
d'un
Écolier Parisien

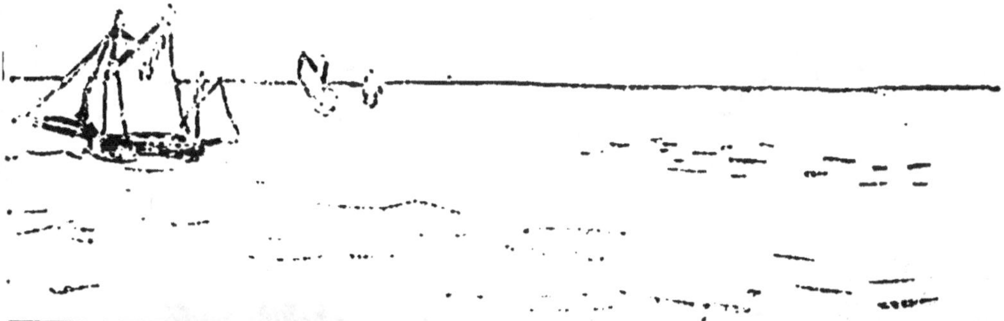

LES VACANCES

D'UN

ÉCOLIER PARISIEN

Jehan **SARRAZIN**

Les Vacances

D'UN

ÉCOLIER PARISIEN

PARIS

Léon VANIER, libraire-éditeur

19, QUAI SAINT-MICHEL

LES VACANCES

D'UN

ÉCOLIER PARISIEN

Carentan,

Mon cher Jacques,

Aujourd'hui pour la première fois, je trouve le temps de t'écrire depuis mon départ de Paris. Bien des kilomètres nous séparent maintenant, car, ainsi que je te l'ai dit, nous allons faire, mon oncle et moi, quelques excursions dans le département de la Manche.

Depuis que je suis parti, j'ai pensé bien des fois aux bonnes parties de balle que nous faisions au Luxembourg cet été, et aussi à cette fameuse histoire de Charles VII que tu as eu tant de mal à te mettre dans la tête. Te rappelles-tu ? Tu n'a jamais pu retenir ce terrible 1429, date de la délivrance d'Orléans par Jeanne d'Arc. Jeanne d'Arc ne t'avait pourtant rien fait !...

Mais revenons à mon voyage. Mon oncle est très gentil pour moi ; il répond à toutes mes questions et se prête à tous mes désirs, lorsqu'ils sont raisonnables.

Chaque matin, lorsque je me lève, il me fait faire de grands moulinets, jusqu'à ce que je sois très fatigué. «Cela te développera la poitrine, m'a-t-il dit; on n'a jamais la poitrine trop ouverte ni les poumons trop dégagés. »

Je crois, en effet, que depuis quelques jours, je respire beaucoup mieux qu'à Paris. Mon oncle désire que j'écrive chaque jour un petit journal afin de noter mes impressions. C'est la copie de ce journal que je t'enverrai.

Il faut que je fasse cela tout seul, mon oncle ne veut rien y voir; il s'est simplement chargé de la ponctuation de mon récit, car il prétend que je suis brouillé avec les points et les virgules.

Il m'a fait cadeau d'une très jolie carte du département collée sur toile, une carte d'état-major. Je l'ai toujours dans ma poche et je la consulte à chaque instant. C'est très amusant. J'ai aussi une lunette d'approche très puissante. Je suis certain que si tu l'avais, tu pourrais du quai Saint-Michel reconnaître les personnes qui sont sur les Tours Notre Dame, et que de Notre-Dame tu verrais parfaitement les ascensionnistes de la Tour Eiffel.

Carentan,

Nous partons aujourd'hui de Carentan. La ville est gentille, mais elle n'est pas très gaie. Je dois dire cependant que l'église est assez jolie.

Les environs de Carentan ne sont pas très sains, paraît-il, à cause des marécages dont la campagne est pleine. Les prairies qui sont immenses, sont presque toujours inondées par les deux petites rivières qui les arrosent la *Toule* et la *Douve*.

Ce matin, mon oncle m'a fait subir un petit examen de géographie et d'histoire dont je me suis assez bien tiré. Mon oncle m'a appris aussi, en lisant son journal, lequel était fort mal imprimé, que les Chinois connaissaient l'imprimerie plus de 600 ans avant notre ère. J'en ai été très étonné.

Tu vas bien rire, mon cher Jacques, en apprenant que mon oncle m'oblige chaque matin a me laver à l'eau froide des pieds à la tête. «L'eau froide, m'a-t-il dit, c'est la santé du corps, comme le cresson de fontaine. Le corps respire par les pores de la peau, et si les pores sont obstrués rien ne va bien. »

Il m'a dit ensuite que les bains chauds amollissaient. L'eau froide au contraire fouette le sang, conserve la peau et donne de la vigueur aux muscles.

Je t'avoue franchement que ce nouveau régime ne me plaisait guère tout d'abord ; mais je m'y suis fait très rapidement et je ne pourrais plus m'en passer maintenant. Tu ne te figures pas comme on est léger, frais, alerte et de bonne humeur après cette petite cérémonie.

Valognes,

Non loin de l'hôtel où nous sommes descendus, nous avons vu une vieille femme qui se porte aussi bien que moi et qui a 107 ans. Elle a vécu sous le règne de Louis XVI et se rappelle très bien de la grande Révolution.

« Je n'étais guère plus grande que vous dans ce temps-là, m'a-t-elle dit, mais je m'en souviens comme si c'était hier. Lorsque tout a été fini, le maitre d'école d'ici disait : « Voilà un temps nouveau qui commence ; nos petits-fils seront plus heureux que nous ! » Personne ne voulait le croire, mais moi, j'ai bien vu plus tard qu'il disait vrai.

Dame, ajouta-t-elle, il y a bien longtemps que je devrais être morte, mais sans doute, il fallait que dans chaque pays il restât quelque vieux comme moi pour conter aux enfants ce que nous étions avant 89.

Cette vieille femme est très gaie et, avant de partir, elle m'a chanté la Carmagnole aussi joyeusement qu'une petite fille :

> Dansons la carmagnole,
> Vive le son ! Vive le son !
> Dansons la carmagnole,
> Vive le son du canon !

Valognes,

Ce matin, nous avons visité l'église de Valognes, le col-

lège et les ruines romaines Nous avons vu également un
ancien autel qui a été découvert, parait-il, dans l'église de
Ham. Il est bien plus vieux encore que la vieille d'hier,
car il date du temps des Mérovingiens.

Nous allons partir demain pour Cherbourg, mon cher
Jacques, et nous y resterons plusieurs jours. Ecris-moi vite
et donne moi des nouvelles de nos amis, car bien que
je m'amuse beaucoup, je regrette un peu mon vieux Paris,
et je t'avoue que je serais bien aise d'entendre chanter de
temps en temps la trompette de l'omnibus *Batignolles-
Clichy-Odéon*.

Cherbourg,

Tu me dis que tu as été très content de ta dernière visite
au musée de Cluny. En ce cas, mon cher Jacques, tu serais
bien heureux en ce pays-ci qui est semé de monuments
historiques, de ruines de dolmens et d'églises très anciennes.

Nous voici maintenant à Cherbourg, et il me semble
presque que je suis monté en grade, car j'ai enfin vu la
mer.

Tu ne peux te figurer comme c'est admirable et comme
on est impressionné, lorsqu'on se trouve pour la première
fois devant cette immense étendue d'eau qui n'en finit plus.

Nous sommes allés ce matin sur la digue qui a plus de
trois kilomètres de longueur, et lorsque j'ai vu tous ces
mâts de navires plus hauts que des maisons, j'ai cru que
j'étais au Châtelet et que j'assistais à quelque féerie.

Cherbourg qui est une place militaire de première classe
et une préfecture maritime, se trouve à l'extrémité de la
presqu'île du Cotentin, ainsi que tu pourras le voir en con-
sultant ton atlas.

Le port de Cherbourg, à ce que m'a dit mon oncle, n'a
été terminé qu'en 1858 ou 59, il avait été commencé par le
célèbre Vauban.

J'ai vu les bassins ainsi que les sept forts qui défendent
le port, et lorsque je me suis trouvé en presence d'un cuirassé, j'ai pensé que les Anglais ne devaient pas avoir envie
de venir nous chercher querelle.

T'imagines-tu ce que c'est qu'un cuirassé, toi qui n'en as
vu que dans les gravures?

Nous en avons visité un. C'est une véritable citadelle.

Le pont du bateau est aussi propre qu'une table de cuisine, et les matelots qui sont très nombreux obéissent au moindre signe. Nous avons fait le tour du salon des officiers et nous sommes descendus jusque dans la cale où trois gabiers étaient aux fers pour leur mauvaise conduite.

En sortant de là, je pensais aux petits bateaux que nous lancions sur le bassin du Luxembourg ; ceux qui avaient cinquante centimètres nous paraissaient énormes, et lorsqu'ils allaient jusqu'au centre du bassin, il nous semblait qu'ils avaient accompli un long voyage.

Mais comme tout cela est petit auprès de ces colosses de fer qui allongent leur éperon dans l'eau et dont les canons n'attendent qu'un signe pour cracher la mort.

Les pauvres bateaux-omnibus qui nous menaient à Auteuil le jeudi auraient l'air de véritables joujoux à côté de ces géants qui s'en vont jusqu'au Tonkin, comme s'ils faisaient une simple promenade.

Nous avons parlé à un quartier-maître qui est allé deux fois au Tonkin ; il a très bien connu le commandant Rivière ainsi que le brave sergent Bobillot, dont la statue se dresse maintenant boulevard Richard-Lenoir ; lorsqu'il nous a parlé d'eux, les larmes lui sont venues aux yeux.

Nous sommes ensuite allés visiter le Musée Naval, où se trouvent en petit, des modèles de vaisseaux de toutes sortes. Rien ne manque, pas un cordage, pas un agrès, pas une poulie ; voilà des petits bateaux comme il nous en faudrait. nous serions sûrs d'obtenir un veritable succès et d'éclipser toute la flotte du Luxembourg et des Tuileries.

Nons avons vu aussi les torpilleurs qui nagent à fleur d'eau comme de vrais poissons, et si rapidement, qu'en suivant un navire qui file à toute vapeur, ils peuvent courir tout autour de lui ainsi qu'un chien qui suit la voiture de son maître.

Le port marchand qui se trouve à l'embouchure de la Divette était plein de bâtiments étrangers ; les norwégiens et les suédois étaient les plus nombreux.

Tu crois peut-être qu'il n'y a qu'un phare à Cherbourg, mais il y en a sept magnifiques. Je suis monté dans l'un d'eux et, lorsque j'ai été sur la plate-forme, appuyé contre le garde-fou, je me suis senti balancé bien plus fort encore que sur la colonne de Juillet les jours de grand vent.

De là, avec ma lorgnette, j'ai pu inspecter tout le port. C'est un spectacle vraiment grandiose : d'un côté, la mer toute bleue à perte de vue, et de l'autre, les mâts, des mâts, toujours des mâts qui semblaient enchevêtrés les uns dans les autres ainsi que des écheveaux de fil brouillés.

Cherbourg,

Sans doute, tu te souviens, mon cher Jacques, de cette gravure exposée dans la vitrine d'un libraire de la rue de Seine et qui avait pour titre l'*Angelus*. Combien de fois ne nous sommes nous pas arrêtés pour la regarder ? Comme ce tableau était imposant !

Il était entouré d'une foule d'autres gravures en couleurs assurément plus gaies, mais nos yeux se laissaient attirer de préférence par ce tableau si triste et par celui qui lui faisait pendant le *Semeur*. Pourquoi ? Sans doute parce que ces tableaux étaient plus beaux que les autres.

Mon oncle vient de m'apprendre que l'auteur de ces tableaux est né dans l'arrondissement de Cherbourg au hameau de Gruchy. Il s'appelait J. F. Millet.

« Retiens bien se nom-là, petit, m'a dit mon oncle, car c'est celui d'un des plus grands artistes du siècle. Cela ne l'a pas empêché d'être misérable et malheureux toute sa vie.

Mais maintenant qu'il est mort, on lui a rendu justice, et ses tableaux valent aussi cher que ceux des maîtres les plus fameux d'autrefois. C'est souvent ce qui arrive aux plus grands génies. »

Cherbourg,

Nous sommes allés voir aujourd'hui les monuments de Cherbourg, l'Hôtel-Dieu, l'Hôpital de la Marine qui est immense, l'Eglise de la Trinité qui renferme beaucoup de curiosités, l'Eglise Saint-Clément, N.-D. du Vœu, l'Hôtel-de-Ville. et nous avons terminé notre promenade par la Bibliothèque qui est pleine d'antiquités fort rares. Cette bibliothèque possède une collection de médailles et de monnaies chinoises considérable. Il y en a de toutes les formes, de toutes les dimensions, de toutes les couleurs, en cuivre, en or, en bronze, en argent. Cette collection est paraît-il, unique en son genre.

Cherbourg,

Nous avons pris ce matin le chemin de fer et nous sommes allés faire un tour à la ferme modèle de Martinvaast. Si je ne craignais pas de te mettre l'eau à la bouche, je te parlerais de l'excellent lait qu'on nous y a offert. Je crois que jamais je n'en ai bu de meilleur.

Martinvaast n'est qu'un petit village, mais il possède un très joli château et un dolmen qu'on appelle le dolmen de l'Oraille. Cela ma fait penser aux Gaulois, aux Druides et aux longues moustaches de Vercingétorix.

Sous la conduite d'un suisse, attaché à la fromagerie, nous avons visité les écuries, les étables et les bergeries qui sont admirablement tenues. Les vaches sont aussi luisantes que des chevaux de grande maison et pas un brin de paille ne dépasse.

Les pâturages sont paraît-il excellents, de ce côté aussi les vaches sont-elles superbes et le beurre délicieux. Quelle différence avec cette *margarine* à laquelle on nous fit goûter un jour et qui malheureusement se vend en si grande quantité à Paris pour du beurre véritable.

L'Eglise de Martinvaast date du XIe siècle. A ce sujet mon oncle me demande de lui citer quelques faits historiques du XIe siècle. Je lui ai parlé de la bataille de Hastings et de la conquête de l'Angleterre par Guillaume le conquérant, en 1066.

P. S. — Je ne puis m'empêcher de terminer ma lettre par une fable du 17e siècle que mon oncle m'a récitée et qu'il m'a fait copier sur mon carnet. Ecoute-la, elle est très drôle.

Un pauvre homme aperçut dans sa chambre la nuit
Un voleur qui croyait trouver là quelque somme ;
Il fit un si grand bruit que le voleur s'enfuit
Et laissa son manteau qui servit au pauvre homme.

Saint Vaast

Tu connais ces cris de Paris qu'on entend si souvent l'hiver : *Hareng qui glace! hareng nouveau!* et cet autre qu'on chante sur un air si drôle : *Voilà des huîtres! on les vend vingt sous la douzaine!*

Eh bien mon cher Jacques, je suis ici dans le pays du hareng et de l'huître. Les pêcheurs de la Manche font chaque année une guerre acharnée au hareng et au maquereau, mais à St-Vaast de la Hougue on s'occupe surtout des huîtres.

Les concessions huîtrières de St Vaast occupent un espace de 95 à 100 hectares, et c'est à St-Vaast parait-il qu'on a réussi a acclimater pour la première fois les huîtres de Virginie. Si tu étais à ma place, mon oncle ne manquerait pas de te demander où se trouve la Virginie, et tu répondrais certainement : dans l'Amérique du Nord, mais comme je sais qne tu connais cela aussi bien que moi, je m'abstiens de te questionner à ce sujet.

Tu ne te figures pas combien de soins il faut aux huîtres. Elles ont ici plus de 300 personnes à leur service.

Les huîtres sont élevées avec la plus grande sollicitude, et elles ne sont bonnes à envoyer à Paris qu'au bout de deux ans. Chaque jour, il faut visiter les parcs et remuer les coquillages afin de les empêcher de s'enfoncer dans la vase ou d'être enveloppés par les herbes marines qui les envahissent ainsi que le lierre et finissent par les étouffer.

A Paris, lorsqu'il s'agit d'huîtres, on ne s'occupe guère que du vin blanc qu'on boira en leur honneur, mais il est bien peu de personnes, j'en suis sûr, qui savent qu'elles exigent tant de soins et qu'il faut les surveiller comme des enfants en nourrice.

Saint-Vaast possède une rade très commode qui est défendue par plusieurs forts.

J'ai fait aujourd'hui ma première promenade en bateau. Nous sommes allé avec un vieux pêcheur qui nous avait offert sa barque jusqu'à l'île Tatihou qui se trouve tout près de Saint-Vaast et qui est défendue par un tout petit fort.

Si tu savais comme c'est agréable d'aller en mer, surtout

lorsqu'il fait un grand soleil comme celui d'aujourd'hui ! Au commencement, je n'étais pas très rassuré, je dois l'avouer losque les vagues déferlaient jusqu'à nous, mais je m'y suis vite habitué. La mer donne confiance, et il me semble maintenant que je m'embarquerais pour un voyage au long cours sans la moindre peine.

Nous avons pris un bain à notre retour à Saint-Vaast, et men oncle a été étonné de me voir aussi bien nager. J'ai bu quelques bons coups d'eau salée, mais je t'assure que cela ne m'a pas semblé désagréable, et que j'étais cent fois plus à mon aise lorsque je suis sorti du bain.

Tu ne saurais croire combien le grand air de la mer m'a rendu fort, insouciant et joyeux !...

Je fais à ton intention une collection de coquillages de toutes sortes que je te donnerai à mon retour. Il y en a de toutes les formes et de toutes les couleurs ; ils sont tous plus jolis, plus bizarres et plus amusants les uns que les autres.

Saint-Lô

Nous avons à peine le temps de voir Saint-Lô car mon oncle veut partir dès demain dans la direction de Coutances. Nous visitons les églises qui sont assez jolies ainsi que le musée qui contient des choses très curieuses, entre autres plusieurs objets gallo-romains.

Il y a à St-Lô, de très belles maisons du XVe et du XVIe siècle. La plus jolie est à mon avis celle qu'on appelle la Maison-Dieu ; une imprimerie y est maintenant établie. Mon oncle qui dessine très bien en a fait le croquis sur son album, et je me propose de le copier pour te l'envoyer lorsque j'aurai le temps.

En quittant St-Lô, nous avons rencontré une bande de conscrits bretons qui chantaient sur la route en se tenant par le bras. Leurs chapeaux étaient tout enrubannés, et voici ce qu'ils chantaient :

> Adieu donc ville de Nantes
> Ville plaisante
> Ville où j'ai tant demeuré
> Adieu Vitré !

Cela m'a rappelé le temps où nous étions tout petits, et où nous dansions en rond en chantant:

> On a tant fait sauter la vieille,
> On a tant fait sauter la vieille,
> Quelle est morte en sautillant
> Tirelire,
> Sautons la vieille !
> Quelle est morte en sautillant
> Tirelire, sautons !

Mon oncle qui sait toutes sortes de belles chansons m'a dit qu'il fallait retenir celles-là religieusement.

« Ce sont les vraies chansons de notre pays, m'a-t-il dit ; chaque province a les siennes, on se les transmet de père en fils et il faut les garder, car elles sont plus belles que la plupart de celles qn'on fait maintenant. »

On les appelle les *chansons populaires de France*.

Coutances

Après avoir successivement visité Barneville, Bricquebec et St-Malo de la Lande, nous voici maintenant à Coutances. Coutances qui s'appelait Constancia sous les Romains est l'une des plus anciennes villes de ce pays. C'est elle qui a donné son nom au Cottentin.

La cathédrale de Coutances que nous avons visitée tout d'abord est fort ancienne et fort belle.

— Te rappelles-tu, m'a dit mon oncle, que je t'ai demandé il y a quelques jours de me citer un fait historique du XIe siècle?

— Oui, lui ai-je répondu ; et je vous ai parlé de la conquête de l'Angleterre.

— C'est très bien, a repris mon oncle. Sache donc que cette cathédrale où nous sommes a été commencée avec l'argent des Anglais par Guillaume de Montbray évêque de Coutances, lequel avait accompagné le duc de Normandie, lors de son expédition en Angleterre...

Nous avons vu ensuite le Palais de Justice et le Palais Episcopal ; puis le soir comme c'était dimanche, nous sommes allés au théâtre où nous avons vu jouer le *Malade Imaginaire*.

Je me suis beaucoup amusé, et j'ai ri aux larmes.

« Tu vois, m'a dit mon oncle, les vrais chefs-d'œuvre restent ; voilà plus de cent ans qu'on joue cette pièce et personne ne se lasse de l'entendre ; mais de toutes les comédies d'aujourd'hui, combien se joueront encore dans cent ans ? »

Il m'a ensuite interrogé sur Molière. Je lui ai dit que je savais fort bien qu'il s'appelait Jean-Baptiste Poquelin ; puis je lui ai parlé de l'*Avare* que j'ai vu jouer l'année dernière au théâtre français. Tu te rappelles, Jacques, nous étions ensemble et l'avare criait en se désolant : « Mon argent ! mon pauvre argent ! on m'a volé mon argent ! »

Je t'expédie dans cette lettre quelques timbres du Pérou que mon frère m'a envoyés de Paris et que je possède déjà. L'animal qui est représenté sur ces timbres te rappellera le Jardin d'acclimatation. C'est un lama.

Mon oncle m'a appris que cet animal appartient à la famille du chameau, son poil comme celui de la vigogne sert à tisser les étoffes.

Si tu as en revanche quelques timbres à m'envoyer, ils me feront grand plaisir surtout s'ils sont du Cap de Bonne-Espérence, du Japon ou du Brésil.

Mon oncle est très content de me voir collectionner les timbres, car dit-il cela apprend la géographie et fait voyager l'esprit des enfants.

Je suis de son avis, car lorsque je possède un timbre rare, il me semble qu'il m'apporte un parfum du pays dont il vient et malgré moi je me renseigne sur les mœurs et les coutumes de ce pays.

Villedieu

Je ne te parlerai guère de Mortain où nous nous sommes à peine arrêtés ; je n'ai vu qu'en passant l'église et les ruines de l'abbaye ; mais j'ai été très interressé par une cascade de la *Cance*, qui n'a pas moins de 20 mètres ; cela ne t'étonnerait sans doute pas, toi qui a vu le Dauphiné.

Pour moi qui n'ai jamais vu de montagnes et qui ne

connais que les cascades artificielles des Buttes-Chaumont et du Bois de Boulogne, j'ai trouvé cette chute d'eau très jolie

Quant à Villedieu les Poëles, c'est une petite ville très plaisante qui possède plusieurs ruines célèbres. A Villedieu les Poëles, on fabrique tous les objets de cuivre qu'il est possible d'imaginer, depuis les vulgaires chandeliers, jusqu'aux alambics de distillerie, et aux chaudières de locomotives; depuis les petites bouilloires qui servent à faire chauffer l'eau, jusqu'aux pompes à incendie. Nous avons visité les ateliers en détail, et je t'avoue que j'en étais tout ébloui. Mon oncle a acheté en souvenir de Villedieu une lampe en cuivre rouge qui est un véritable petit bijou.

Comme tu le sais, mon cher Jacques, je travaille malgré mon voyage à mes devoirs de vacances, j'ai déjà fait mes cartes, ma rédaction historique, et mes devoirs de grammaire. Il ne me reste donc plus à faire que mes problèmes et ma narration. Mon oncle qui me surveille me fait toutes sortes de questions amusantes.

Il affectionne surtout les règles de participes passés, sur lesquelles dit-il on n'est jamais trop ferré. Il me fait faire aussi de temps en temps de petites dictées qui sont toujours très intéressantes. Je t'en copie une au hasard, car je suis persuadé qu'elle t'amusera beaucoup :

LA TIRELIRE

Dans une chambre d'enfants, une quantité de jouets de toutes sortes étaient réunis. Sur une armoire se trouvait une tirelire de faïence. La forme en était assez commune. Elle figurait un petit cochon de lait. Sur le dos il y avait une fente assez large pour laisser passer de beaux écus doubles. Il en était entré plusieurs. Il y avait aussi beaucoup de schillings et autres menues monnaies.

La tirelire était tellement pleine qu'elle ne faisait plus de bruit même quand on la secouait fortement. C'est là la plus haute destinée à laquelle puisse parvenir une tirelire. Elle était donc perchée sur l'armoire, un peu trop au bord, mais cela lui permettait de tout voir dans la chambre et elle regardait tout d'un air dédaigneux. Ne savait-elle pas en effet ce qu'elle avait dans le ventre? Elle aurait pu acheter tout ce bataillon de jouets: c'est là ce que beaucoup de gens appellent une bonne conscience.

Les jouets n'ignoraient pas qu'il en était ainsi, mais cela ne troublait pas leur bonne humeur de braves petits jouets.

Dans le tiroir d'une commode à demi-ouvert se trouvait une poupée encore belle, bien qu'elle fut de l'an dernier; elle avait un petit accroc au cou par lequel elle avait perdu un peu de son, mais on avait raccomodé sa blessure.

Elle se leva et dit: Si nous jouions à l'homme, qu'en dites-vous?

L'idé parut excellente; se moquer de ceux qui nous font aller, vous brutalisent! c'était un trait de génie.

Tous entrèrent en mouvement, une petite image qui était accrochée au mur en sursauta. Ce petit monde vit qu'elle avait un envers et se mit à rire.

Il faisait nuit. La lune brillait: il n'y avait donc pas à s'occuper des lumières. La comédie allait commencer. Tous y avaient un rôle jusqu'à la toupie et la corde qui ne sont guère considérés; mais on voulait avoir une société mêlée comme dans le monde des humains.

La tirelire seule ne bougeait pas, ne disait rien, conservant toute sa dignité; on alla en députation la prier d'être de la partie, mais elle déclara qu'elle resterait là haut à regarder et qu'elle jugerait du mérite des auteurs.

La réponse fut trouvée excellente, et chacun s'apprêta à faire de son mieux pour plaire à une tirelire si bourrée d'argent

On se mit à représenter un thé esthétique donné chez une baronne; c'était la poupée sur le retour qui faisait la maitresse de la maison; elle était raide et guindée à ravir.

La causerie commença; le cheval se mit à parler de handicap, de courses de haies, d'entrainement; la petite voiture de tramways, de chemins de fer; chacun choisit un thème qu'il connût; cela était faux; pour représenter les hommes au naturel, ils auraient dû plutôt parler chacun de ce qu'il ignorait. La pendule se lança dans la politique, tic, tac. Cela c'était bien; elle était détraquée. Deux beaux coussins brodés qui étaient sur le sopha ne disaient rien; c'étaient des personnages muets; ils étaient délicieusement gonflés dans leur bétise.

La pièce était détestable, mais les exécutants furent parfaits. L'esprit pétillait, et l'on dit de si jolies choses qu'on en oublia le thé. La baronne, c'est-à-dire la poupée en fut si contente, qu'elle sauta de joie et que son ancienne déchirure se rouvrit.

La tirelire était très heureuse. Elle était surtout satisfaite de la contenance majestueuse des deux coussins ; c'étaient les airs qu'elle appréciait le plus, et elle se dit qu'elle songerait à eux sur son testament.

C'est ici que la pièce devint tout à fait humaine.

Après le comique, le tragique. Une lourde voiture vint à passer. Toute la maison en fut ébranlée. La tirelire qui se trouvait trop sur le bord de l'armoire, se trouve soulevée, fit un faux-pas et patatra, la voilà par terre en cent morceaux.

Les schillings, les couronnes, les écus doubles, dansèrent une joyeuse sarabande. C'était plaisir de les voir rouler. Le jeu cessa brusquement. Chacun songea aux vicissitudes d'ici-bas.

Le lendemain, on jeta les morceaux de la tirelire aux ordures, et on plaça une nouvelle tirelire sur l'armoire. Comme elle était encore vide, elle ne faisait pas plus de bruit que l'ancienne qui était toute pleine — et pour l'effet c'était la même chose. — C'est la morale de ce conte.

ANDERSEN

Avranches,

A Avranches est une jolie petite ville très coquette et très gaie. Nous y arrivons à 11 heures du matin. Je ne suis nullement fatigué malgré les déplacements successifs, aussi puis-je t'assurer que je fais honneur au déjeûner qui nous est servi à notre arrivée. Il me semble maintenant que je ferais très facilement le tour de France sans désemparer.

Avranches, nous allons voir tout d'abord la cathédrale qui est excessivement vieille. C'est paraît-il dans cette cathédrale que le roi Henri II fut absout du meurtre de Thomas Becket. Nous allons ensuite voir l'Evêché, le Donjon et le Jardin des Plantes.

Je te signalerai aussi à Avranches la statue du général Valhubert qui fut tué à la bataille d'Austerlitz dont tu n'as sans doute pas oublié la date. Pour moi, je dois avouer qu'elle s'était totalement envolée de ma mémoire. Lorsque mon oncle m'a interrogé à ce sujet, j'ai répondu au hasard 1808 au lieu de 1805 ce qui m'a valu à titre d'exercice une foule de questions qui m'ont rappelé toute l'histoire de Napoléon 1er.

P. S. — Mon oncle m'a conté hier soir plusieurs petites fables étrangères que j'ai copiés à ton intention, les voici :

Le Voyageur et les Oiseaux

Sur le chemin d'Aoudschaïn il y a un grand figuier où venaient se percher une corneille et un ibis. Un jour d'été, pendant les fortes chaleurs, un voyageur fatigué s'assit à l'ombre de cet arbre pour se reposer. Il déposa à côté de lui son arc et ses flèches et s'endormit au bout de quelque temps. Lorsque l'ombre eut fait place sur son visage aux rayons du soleil, l'ibis qui l'avait remarqué étendit ses ailes et l'en couvrit par pitié. Mais la corneille méchante voulut le troubler dans son sommeil. Elle laissa tomber sur lui sa fiente et s'envola. L'homme s'éveilla, ne vit que l'ibis et d'un coup de flèche le tua.

PILPAY.

Le Morceau de Terre

Es-tu de l'ambre ? disait un sage à un morceau de terre odoriférante qu'il avait ramassé dans un coin ; tu me charmes par ton parfum. — Je ne suis qu'un morceau de terre grossière, répondit-il, mais j'ai séjourné quelque temps au milieu d'un bosquets de roses.

SAADI.

Le Nègre

Un nègre debout dans l'eau se lavait. Un passant lui dit : « A quoi bon troubler l'eau ? Tu auras beau faire, elle ne te rendra pas plus blanc. » — Ce qu'on tient de la nature, rien ne peut, quelque peine qu'on se donne, le faire disparaitre.

LOKMAN.

Les Bûcherons et les Arbres

Des bûcherons prirent leur cognée et se rendirent dans

la forêt pour abattre des arbres. Ceux-ci leurs crièrent :
« Qu'allez-vous faire ? » Mais les cyprès répondirent :
« Malheur à nous mes frères, nous avons fourni nous-
mêmes, les manches des cognées. » Cette fable montre
qu'il ne faut jamais livrer aucune arme à un ennemi.

WARTAN.

Le Lion, l'Ane et le Renard

Le lion, l'âne et le renard chassaient de compagnie. Après
qu'ils eurent pris beaucoup de gibier, le lion dit à l'âne de
faire les parts. L'âne obéit, et faisant autant de parts qu'il y
avait de chasseurs, il engagea les deux autres à prendre
chacun la leur. Le lion furieux étrangla l'âne aussitôt et
chargea ensuite le renard de procéder au partage. Plus rusé
que l'autre, il donne presque tout au tyran, et ne se réserve
que très peu de chose. — Excellent animal ! s'écria le lion,
qui t'a donc appris à faire les partages d'une manière aussi
équitable ? — C'est celui-ci, répondit le renard en montant
l'âne mort.

ESOPE.

Le Mont-Saint-Michel.

Ah ! mon cher Jacques, quel spectacle féerique que celui
du Mont-Saint-Michel ! Je crois bien que toutes les belles
choses que j'ai vues durant ce voyage vont s'effacer devant
ce tableau grandiose.

Si tu voyais au fond de la baie St-Michel cette énorme
abbaye assise sur un rocher, couronnée par un essaim de
petites maisons moyen-âge et gardée par de gigantesques
murailles, certainement, il te semblerait rêver et tu te croi-
rais transporté dans quelque pays de fées des *Milles et une
Nuits* en compagnie de Simbald le marin.

L'abbaye du Mont-Saint Michel qui est une des principales curiosités de la France et qui est comme tu le penses
bien classée au premier rang parmi nos monuments historiques a été fondée par Saint-Aubert évêque d'Avranches
(709). Depuis elle a été fréquemment dévastée et recons-

truite. Nous sommes entrés au Mont-Saint-Michel par la
porte des Michelettes où l'on voit encore plusieure canons
autrefois abandonnés par les anglais.

Nous nous rendons aussitôl à l'abbaye par l'unique rue
du Mont-Saint-Michel, non sans avoir admiré les maisons
de cette rue qui sont comme je te l'ai déjà dit fort anciennes
et qui ont conservé tout leur cachet.

Nous arrivons par le grand escalier jusqu'à la plate-forme
du Saut Gaultier aussi appelée Beauregard a cause de la
vue admirable dont on peut jouir lorsqu'on y est installé.

Nous visitons ensuite l'église qui remonte aux XIe et XIIe
siècles ; nous y voyons la statue argentée de St-Michel.

Nous traversons successivement le cachot du grand Exil;
le cimetière des Religieux, le promenoir des moines, la
Crypte des gros piliers et la chapelle des Trente cierges,
puis, nous descendons au pied de la Tour des Corbins pour
voir la *Merveille*, l'immense bâtiment qui renferme l'Au-
mônerie, le Réfectoire des moines, le Dortoir et le Cloître.

La Merveille est gardée par des remparts fort endomma-
gés, mais dont il reste encore d'admirables fragments.

Je me borne à t'énumérer les plus belles choses du Mont-
Saint-Michel, car il faudrait plus de vingt pages pour
décrire ce merveilleux pays, et certes, ce travail serait
au-dessus de mes forces.

J'ai rapporté plusieurs photographies du Mont-St-Michel;
je te les montrerai à mon retour, mais elle te donneront
une idée bien vague hélas de ce rocher sans pareil.

Le Mont Saint-Michel qui a près d'un kilomètre de tour et
et plus de 120 mètres de hauteur se trouve au centre de
la baie qui porte son nom. Cette baie n'a pas toujours été
le domaine de la mer me dit mon oncle. On y retrouve
des arbres très gros, et fort bien conservés, lesquels indi-
quent qu'il y avait autrefois là une forêt.

La baie Saint-Michel qui a 250 kilomètres carrés de su-
perficie est absolument libre à lmarée basse, et rien n'est
plus imposant que de voir à l'heure de la marée montante
cette immense étendue de terre, subitement submergée.

C'est alors que le mont Saint-Michel devient véritable-
ment féérique, surtout lorsque le soleil se couche et que
la noire silhouette de l'abbaye se détache comme un géant
de pierre sur le ciel rouge et sur la mer étincelante.

Granville

L'heure de notre retour à Paris approche rapidement, car nous voici arrivés à Granville et dès que nous l'aurons vu, nous repartirons directement pour Paris.

Sans doute tu te rappelles ce joli livre que nous avons lu l'hiver dernier et qui était signé Pierre Loti: Je veux parler de *« Pêcheurs d'Islande »*. Et certainement tu te souviens aussi de Yan, ce grand breton qui était si fier; Yan et ce livre dont il est le héros me sont revenus à la mémoire, parce que Granville fournit chaque année un grand nombre de pêcheurs qui vont à Terre-Neuve et en Islande pour la pêche de la morue.

Jamais ils ne savent s'ils reviendront et souvent leurs bateaux périssent par vingtaines. C'est parait-il le plus dur et quelquefois le plus périlleux des métiers de mer.

Le port de Granville est très beau ; c'est un des plus importants de la côte ; nous l'avons vu en détail, mon oncle et moi, et comme je connais très bien maintenant les pavillons des différentes puissances, j'ai remarqué que les bâtiments anglais, suédois et norwégiens y étaient fort nombreux.

Les bateaux norwégiens arrivent presque tous chargés de bois, car la Norwège est très riche en forêts de sapin.

Nous avons vu la jetée, les anciennes fortifications ainsi que l'église de Granville qui renferme comme toutes les églises des ports de mer une foule de petits navires admirablement faits et aussi complets que les grand bâtiments.

Les fonderies de Granville sont très importantes ainsi que les chantiers de construction où j'ai pu voir la carcasse d'un grand trois-mats à peine ébauchée.

Non loin de Granville se trouvent les îles Chausey, et plus loin les Minquiers groupe de récifs dont Victor Hugo a parait-il beaucoup parlé dans les *Travailleurs de la Mer*.

Nous allons coucher ici, et nous partirons demain matin. Tu n'as donc plus qu'une lettre à recevoir de moi et elle ne me précèdera à Paris que de quelques heures.

Granville,

Nous partons ce matin à 11 heures, aussi n'ai-je guère le temps de t'écrire, mon cher Jacques. Mes devoirs de vacances sont entièrement terminés. Quel bonheur ! Je vais revoir mon Paris dont j'ai été si longtemps privé.

Comme il m'est impossible de t'entretenir plus long-temps je t'envoie pour te dédommager ma narration de vacances, elle sera la dernière page de mon journal, au revoir mon cher Jacques et à bientôt.

Narration de Vacances

Léon Martial était certainement le meilleur élève de sa classe. Jamais il n'était en retard ni pour ses devoirs, ni pour ses leçons, et pourtant à l'heure des récréations, c'était le plus terrible sauteur qu'on pût voir. — Mais chaque chose en son temps.

Lorsque vint la distribution des prix, Martial obtint plusieurs récompenses, et il fut particulièrement compli-menté au sujet de ses aptitudes en géographie.

Son père enchanté de le voir si fort en cette science utile, et sachant qu'il adorait les soldats de plomb lui en donna deux énormes boîtes. Elles contenaient de tout : des zouaves, des chasseurs, des cuirassiers, de l'artillerie, les lignards, etc. Elles étaient en outre garnies de tentes se montant et se démontant à volonté, de canons, de fourgons et de voitures.

La seconde boîte était partagée en deux compartiments et le second compartiment contenait les prussiens.

Léon Martial fut le plus heureux des enfants lorsqu'il reçut ce cadeau le premier jours des vacances. Il se mit aussitôt à l'œuvre rangeant tantôt des soldats en ligne de bataille, tantôt les déployant en tirailleurs, leur faisant exécuter de différentes façons toutes les manœuvres dont il avait entendu parler.

Il ne se passait pas de jour qu'il ne jouat avec ses fameux soldats.

A quelque temps de là le père de Martial fut forcé de s'absenter un jour entier ainsi que sa mère. Martial fut laissé seul à la maison ; mais on était sur de lui et ses parents ne furent pas inquiets. Ils l'embrassèrent donc et partirent.

A peine étaient-ils sortis que Martial alla chercher ses soldats dans sa chambre. Il se rendit dans la salle à manger qui était très grande et après avoir rangé les chaises le long du mur, il se mit en devoir de déployer son armée sur le parquet ; vous croyez qu'il le fit immédiatement ?

Non, Martial prit un morceau de craie et traça sur le plancher la carte de France qu'il counaissait admirablement. Il inscrivit les noms de principales villes à leurs places respectives, et remplaça les montagnes par des cailloux qu'il était allé chercher dans le jardin.

Ensuite lorsqu'il fut à l'est, il inscrivit *Alsace-Lorraine* puis le mot *France* traversant le tout en diagonale depuis Bordeaux jusqu'à Strasbourg.

Aussitôt, un Bismark imaginaire se fâche et la guerre éclate. Martial bat la générale et fait la mobilisation de ses troupes.

Cuirassiers, lignards et chasseurs se précipitent alors à la frontière. Une rencontre a lieu dans les Vosges et grâce à une charge de dragons les allemands sont repoussés.

Que de coups de canons tira le brave petit Martial et comme il stimula bien ses soldats.

C'était plaisir de le voir.

Enfin tout à coup un grand branle-bas se produit. Les prussiens sont renversés, il n'en reste plus un debout.

Martial court alors au grenier où sont relégués les drapeaux du 14 juillet ; il prend un étendard, le déploie et le plante sur Strasbourg en poussant un grand cri de triomphe.

Le père qui rentrait à ce moment, crut en entendant tout ce vacarne qu'un accident était arrivé ; mais vous pensez quelle fut sa joie lorsqu'il connut la cause véritable du tapage, et lorsqu'en l'embrassant son fils lui dit :

— Papa ! nous avons repris l'Alsace et la Lorraine !

Un Écolier Parisien.

Paris — Imp. P. Lambert, 11-17, rue des Martyrs